安全行为小百科

疾风骤雨

安全行为小百科编委会　编

地震出版社

图书在版编目（CIP）数据

疾风骤雨/安全行为小百科编委会编.
—北京：地震出版社, 2023.6（2024.10重印）
ISBN 978-7-5028-5504-8

Ⅰ.①疾… Ⅱ.①安… Ⅲ.①自然灾害—自救互救—
少儿读物 Ⅳ.①X43-49

中国版本图书馆CIP数据核字(2022)第212254号

地震版XM5895/X(6327)

疾风骤雨
安全行为小百科编委会　编
责任编辑：李肖寅
责任校对：鄂真妮

出版发行：地 震 出 版 社
北京市海淀区民族大学南路9号　　邮编：100081
销售中心：68423031 68467991　　传真：68467991
总编办：68462709 68423029
http://seismologicalpress.com
经销：全国各地新华书店
印刷：北京华强印刷有限公司

版（印）次：2023年6月第一版 2024年10月第二次印刷
开本：787×1092 1/16
字数：90千字
印张：4
书号：ISBN 978-7-5028-5504-8
定价：28.00元

目录

一、暴雨来袭 3

二、瘫痪的城市 13

三、抢险大作战 23

四、采风小组 33

五、野外自救 43

六、雨过天晴 53

少年宫

一、暴风来袭

“预计22日夜间至23日白天，我省自西向东将有一次区域性强降雨天气过程。阵风风力可达9级以上。提醒各位市民尽量减少外出，做好防范。”

一则天气预警打乱了平静的城市生活，原本晴朗的天空开始转阴，天色逐渐昏暗起来，大片的乌云慢慢聚集，笼罩在城市上空。

“外面好暗啊，看样子是要下雨呢。”还在少年宫上象棋课的高睿喃喃自语道。

刚过午后，一位老师突然走进教室，拍了拍手以引起大家的注意，说道：“同学们先停一停，老师要说一件事。”

等到大家的目光都集中过来后，老师缓缓地说：“因为天气原因，老师已经通知了大家的家长，今天提前放学，要确保把你们安全接回家，同学们收拾一下，外面已经陆续有家长赶到了。”

“老师，那我能不能下完这盘棋再走啊？”一位同学可怜巴巴地问道，他棋兴正酣，很舍不得回家。

老师笑着答道：“不行哦，因为今天晚上有暴雨，为了保证大家的安全，今天大家就不能留在少年宫自由活动啦。大家先把自己的东西收拾好，安静地在这里等待，不要乱跑哦。”

老师看着大家蔫头耷脑的，补充道：“大家一定要注意防范，不要做危险的事，也要记得提醒家人注意防范，好吗？”

“知道了，老师。”大家齐声回答道。

“我市气象台发布暴雨红色预警，预计未来三小时累计降水量可达100毫米以上，请有关单位和人员做好防范准备。

1.政府及相关部门按照职责做好防暴雨准备工作；

2.学校、幼儿园采取适当措施，保证学生和幼儿安全；

3.驾驶人员应当注意道路积水和交通情况，确保安全；

4.检查城市、农田、鱼塘等的排水系统，做好排涝准备。”

跟着爷爷回到自己家，高睿看着电视上的天气播报，又看了看窗外，墨色的浓云挤压着天空，本来淅淅沥沥的雨点这时显得狂躁起来，随着大风胡乱拍打着玻璃。

“叮铃铃——”电话声突然响起，望着窗外的高睿突然回过神来。

“小睿啊，你乖乖待家里不要乱跑，天气太糟了，风雨交加的。妈妈马上就回家了哦，你爸今天肯定又有得忙了。”电话那头传来高睿妈妈的声音。

“我知道了，妈妈。你回来的路上注意安全，要不要我带雨衣去停车场接你啊？”高睿有些不放心。

“不用啦，停车场到单元门就几步远，你好好在家待着就好，不要担心。”高睿妈妈有些欣慰地说。

高睿爸爸是一名消防员，一到城市有灾害或意外发生的时候，就会非常忙碌。正因为这样，高睿小小年纪就当起了家里的“男子汉”。每到这种时刻，都会主动承担起保护妈妈的责任。

便面

根据之前积累的经验和从爸爸那里学习到的知识，高睿准备了手电筒等照明工具，还储备了饮用水、食物、药品等生活必需品。高睿还给住在农村的外公外婆打了电话，得知他们已经被转移到高处，这才放下心来。

打完电话后，高睿望向窗外，发现雨势竟然减小了。但高睿并没有放下心，因为他知道这大概率只是暂时的，接下来可能会迎来更强烈的暴雨。

安全小贴士

★面对暴雨预警，应该怎么做？

1. 及时看预警，最好不出门

在暴雨频发的季节，要及时留意新闻媒体中权威部门发布的暴雨预警信息，了解政府的行动对策。接到预警后，应合理安排各类计划，最好留在家中，不要出门。学校、幼儿园应采取相应措施，必要时停课或提前放学，取消露天活动。

2. 关闭门窗，修缮屋顶，谨防渗水、漏水

暴雨来临前，居民应仔细检查房屋情况，关闭门窗，修缮屋顶，防止下雨时渗水弄坏家具家电，甚至“屋外下大雨，屋内下小雨”，使人无处藏身。

3. 关闭电源防电伤

倾盆大雨之下，若室内进水，应当立即切断家中各类家用电器的电源，防止漏电，电伤家人。此外，也应关闭燃气阀门。

4. 远离滑坡危险处

若接到暴雨预警时，人正身处山区，一定要远离山体。暴雨有时会引发山体滑坡、泥石流等地质灾害，无论是村民还是游客，都应在接到暴雨预警后远离危险山体，以防遭遇险情。

5. 畅通水道

接到预警后，应第一时间畅通各种水道，清理淤塞物，防止垃圾、杂物堵塞水道，造成积水甚至内涝。

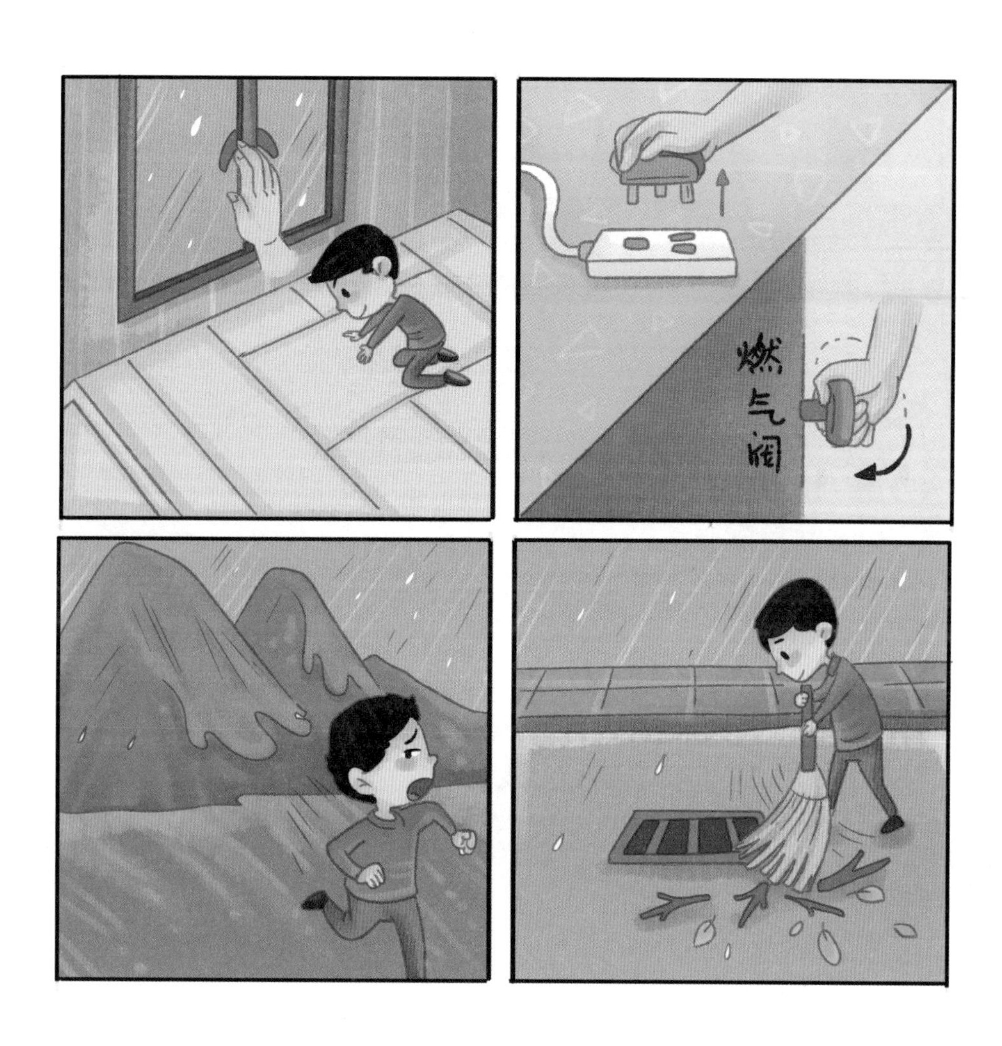

思考一下，你认为还需要注意什么呢？快来写一写吧

二、瘫痪的城市

“我市气象台8月22日16时45分继续发布暴雨红色预警：部分地区局部降水量已达100毫米以上，预计未来3小时内降水将持续，请注意防范。”

雨越下越大，站在雨中的人甚至睁不开眼睛。城市的排水系统渐渐无法负荷过量的雨水，雨水在地面上聚集，逐渐在道路上形成了浅浅的“河流”。

时间在流逝，雨势却并没有减弱，反而甚至能没过行人的鞋面，有些低洼的地方水位已经到了成年人的小腿。行人还能勉强前进，自行车和摩托车就显得有些吃力了，只能由人推着缓慢挪动。

今天白天，冯周和爸爸一起外出游玩，他们玩得开心极了，完全忘了关注天气情况。就因为他们的轻心，在驱车赶回家的途中，车辆开进了地势低洼处而被困在了半路，水位甚至没过了车轮。

坐在车上的冯周有些惴惴不安，不住地朝窗外看，紧张地舔了

便利店

舔嘴唇，还是没忍住，说道：“爸爸，要不我们就直接开过这段路，不然这雨越下越大，水越来越深，我们回不了家了可怎么办啊！”声音甚至带了些哭腔。

爸爸却立刻将车熄了火，解开安全带，打开车辆电子锁和天窗，一系列动作如行云流水。接着，两人下车躲入了地势较高处的一家便利店。

看着冯周疑惑的眼神，爸爸解释道：“因为水位已经没过了车轮，车里很有可能已经进水了，这个时候可是逃生的黄金时段。”

冯周恍然大悟地点了点头，又歪了歪脑袋，好像在思考些什么。“那要是水太深而导致车门打不开，那时候我们又该怎样逃生呢？”

爸爸看自己的话引起了冯周的求知欲，顺势就着这个问题给他普及起了车辆落水后的逃生知识。

“当水位到达车门把手位置的时候，一般车门就几乎打不开了，这时候我们需要用车上备用的安全锤或者坚硬且尖锐的物品砸开车窗来逃生。你知道安全锤放在哪里吗？”爸爸边教知识边提问。

“当然知道啦！就在车门储物格里，上次我还偷偷拿来玩呢。”冯周突然发现自己说出了小秘密，急忙捂住了嘴，求饶似的看了看爸爸。爸爸一听果然严肃了起来，教育冯周道：“那东西是紧要关头用来救命的，可不能随便玩，以后不许这样了，听到了没？”

冯周有些羞愧，扁了扁嘴，说道：“知道了爸爸，我下次再也不会这样了。”

爸爸继续说：“当水位到达车窗的一半时，车门肯定是打不开了，也不要尝试敲碎玻璃，要从天窗或者后备箱逃生。但当水已经淹没了窗户时，可以等水完全灌入车内，车内外水压一致时，使劲推开车门。”

“那要还是打不开车门怎么办呢？”冯周焦急地问。

爸爸叹了一口气，说：“那只能再尝试用重物破窗了，破窗后游向水面寻求帮助，救出其他人。”

与便利店内温馨氛围相对比的是外面来势汹汹的水势，才一会儿工夫，水位迅速上升，一眼望去，路上全是被水逼停的车辆，包括公交车。

行人停下脚步，车辆无法前进，整座城市仿佛被按下了暂停键，在这场暴雨中失去了声音……

暴雨袭城，很多场景令人动容：有人掉入泥潭，素不相识的市民伸出援手；有救援人员连夜奋战，不眠不休；有党员毅然跳入水中营救被困群众。

暴雨冲坏了很多围墙，但却冲不开人们紧紧联结在一起的心。

安全小贴士

了解暴雨

什么是暴雨？

暴雨指短时间内产生较强降雨（24 小时降雨量≥ 50 毫米）的天气现象，多出现在每年的 4 ～ 9 月，其中南方以 5 ～ 8 月为多，北方以 7 ～ 8 月为多。

暴雨是怎么形成的？

一般来说，产生暴雨的主要物理条件是充足且源源不断的水汽、强盛而持久的气流上升运动和不稳定的大气层结构。

暴雨等级划分

等级	12 小时降雨量（毫米）	24 小时降雨量（毫米）
暴雨	30.0 ～ 69.9	50.0 ～ 99.9
大暴雨	70.0 ～ 139.9	100.0 ～ 249.9
特大暴雨	≥ 140.0	≥ 250.0

暴雨预警信号

暴雨蓝色预警	暴雨黄色预警	暴雨橙色预警	暴雨红色预警
12 小时内降雨量将达 50 毫米以上，或者已达 50 毫米以上且降雨可能持续。	6 小时内降雨量将达 50 毫米以上，或者已达 50 毫米以上且降雨可能持续。	3 小时内降雨量将达 50 毫米以上，或者已达 50 毫米以上且降雨可能持续。	3 小时内降雨量将达 100 毫米以上，或者已达 100 毫米以上且降雨可能持续。

车辆落水后如何自救

车辆从落水到被完全淹没只有很短的时间，要想办法尽快弃车逃生。落水时，应该快速打开车辆的哪些逃生出口？

1. 水位到达车轮位置

a. 此时车辆不要试图强行通过涉水区域，因为车内已经进水，车辆泡水初期是逃生自救的黄金时期。

b. 解开安全带，把车辆电子锁打开，再把天窗打开。在车辆熄火的第一时间，这三个动作对于后面遇到的各种问题非常重要。

c. 若车辆电路失效，应立即用力推开车门，此时车内外压强差不大，成年人的力量足以推开车门逃生。

2. 水位到达车门把手的位置

a. 此时汽车电路系统可能短路，车窗无法下降，水压也会导致车门无法开启，这时务必想尽一切办法破窗逃生。

b. 务必在车上常备安全锤等破窗设备。破窗时应优先选择砸两侧的车窗，一定要从窗户的边角破窗。

3. 水位到达车窗一半的位置

此时车内仍有一部分氧气，车内人员需保持冷静并储存体力，这时尝试打开车门几乎是不可能的事情，也不要去敲碎玻璃，车内人员可以选择从天窗或后备厢逃生。

4. 水位淹没车窗

若错过前面的逃生时机，还剩最后一次机会。车内人员可等水完全灌入车辆，车内外水压一致时，深吸一口气用力打开车门。

思考一下，你认为还需要注意什么呢？快来写一写吧

三、抢险大作战

高睿妈妈安全回到了家中，母子两个断开了家里电器的电源，避免进水导致短路。又关掉了燃气开关，避免燃气泄漏。两个人坐在窗前，看着外面的大雨，都沉默了下来……

而高睿的消防员爸爸和他的同事们遇到了非常棘手的情况。

中午的时候，一个三岁女孩和父亲一起去饭店吃饭，谁也没想到饭店旁居然有一个废弃的窨井，女孩在户外玩耍时一不小心掉进了井中，饭店老板哭诉说，井已废弃多时，之前井口被杂物盖住了，只留有一个约50厘米的洞口，觉得不会有人掉进去，也就没想过要处理这个地方。

很快，接到报警电话的消防队还有公益组织救援队等都来到了现场。现场情况十分复杂，眼看着雨势阵阵，暴雨来临前不救出小女孩，后果真是不堪设想。

“璐璐，不哭不哭，叔叔们会很快救你上来的啊……”小女孩的爸爸跪在井口，不住地安慰着啼哭不止的女儿。

作为救援人员之一的高睿爸爸赶到时，发现璐璐被卡在井中深处，因为之前的几阵雨，井内有了积水，璐璐的小腿已经没入水中。

高睿爸爸紧锁眉头说："按常规来讲，方案一是把绳索打结放入井里，让璐璐自救，可璐璐只有三岁，没法操作。二是派遣救援人员下井营救，但洞口内径只有50厘米，救援人员都是成年男性，身材不符合。"

璐璐爸爸听后痛哭起来。围观者中，一位身材瘦小的女性路人自

告奋勇地说：“我肩部比较窄，要不我来试试？”

可惜，这位极瘦的女性肩宽也不满足要求，情况又陷入了僵局。大家一时间心力焦灼，难道真的要看着这个小生命消失在这里吗？

公益救援队队长沉吟半晌，突然说：“可以让我儿子来试试，他平时经常参加户外体能训练，无论是身形还是血压等指标，应该都符合救援标准。”

不多时，救援队长的妻子陪同儿子赶到现场，因为年龄的原因，起初大家都不放心让这个少年下井救人。听着井中璐璐愈发微弱的哭声，少年坚定地说：“让我试试吧！我真的可以的。”

救援人员对少年进行了突击培训，以确保营救顺利进行。第一次下井并不成功，因为下井救援呈倒立姿势，血液涌入头部，让他感到头很晕，所以刚下到5米，少年便让救援人员将他拉上去，衣服也被刮破了。

少年的妈妈看着狼狈的儿子，忍不住捂住了脸，小声啜泣起来。

少年十分坚强，在经过几次尝试后终于成功将璐璐救出。现场传来掌声和欢呼声，医护人员迅速上前做起基础检查，万幸的是，璐璐只是受了惊吓，还有一点外伤。为了保险起见，璐璐还是被送往医院。

看着从井内出来后神色疲惫但仍面露笑容的少年，众人都由衷地为他感到骄傲。

就像是知道这场艰难的营救终于结束了一样，积攒了很久的雨又落了下来。这次的雨比之前的还要大，这让现场参与营救的人都感到无比庆幸。

回到家中，爸爸将这惊险的一幕讲给了高睿，高睿听后对大哥哥的勇气和能力钦佩不已。爸爸借此机会，又为高睿普及了更多的暴雨应急知识：“还有一种情况是雨天更需要注意的，大雨来临时，有些地方会采用掀开井盖的方式尽快排水，但有时候水量过大时，难免会让人注意不到掀起的井盖，一脚踏空，造成坠井的后果。所以，如果雨天不可避免地在路上行走时，一定要万分留意，小心地用脚试探，或是手持棍棒试水探路。”

高睿点点头，望着窗外，祈祷在暴雨袭来之际，所有人都可以安然无恙。

雨势越来越急，豆大的雨滴从天上掉落，又被大风吹得在半空中四散开来。空气变得十分湿润，河里的水势渐渐涨了起来，城市中的下水道也在不停地将道路上从四面八方汇集而来的雨水“收入囊中”。

安全小贴士

★雨天行走，小心坠入陷“井”

一到暴雨天，城市中的很多井盖易被大水冲起。路面积水过深时，人们很难分辨出这些隐藏的无盖陷“井”，稍有不慎便会坠入井中。雨天行走，如何躲过陷“井”？

四招防坠井

1. 下暴雨时，要仔细观察路面情况，发现有漩涡、喷泉时，一定要绕行。

2. 重心后置，用脚试探前行

在涉水行走时，撑开双臂，伸出脚，用脚尖左右扫动并向下轻踩，确认安全后再前行。

不慎踩空，伸开的手臂可以在下坠时架在井口，防止身体坠入井中。

3. 手持棍棒，谨慎试水探路

有条件的话，用棍棒、长柄雨伞作为探路工具，可有效探明前方积水深浅和地面虚实，还能支撑重心。

4. 多人结伴，搀扶拉拽同行者

多人结伴行走时要抓紧彼此，一旦有人踩空可第一时间将其拽住。

还可以采取一人在前探路的方式，其他人抓紧其裤腰、手臂等位置，缓步跟进，保证安全。

思考一下，你认为还需要注意什么呢？快来写一写吧

四、采风小组

许依和杜可参加了摄影小组的采风活动。摄影小组的于老师打算带着组员在农村住几天，拍拍照片，搜集素材。

众人上午在村庄里见了很多新奇的东西，于老师招呼大家去吃饭时，大家才与河里的小鸭子依依不舍地告别。

玩了一上午，大家在村里的一家农家乐吃起了饭。“老师，我们在这里待几天啊？”杜可眨了眨眼问道。

于老师温柔地回答：“这个活动需要我们在这里度过三天。”

听了于老师的回答，杜可和小伙伴们都有些闷闷不乐。

杜可眼珠一转，上前抱住于老师的胳膊撒娇道：“让我们在这里多待几天嘛，三天时间根本不够搜集素材嘛。”说着还冲其他人使了使眼色，大家接收到信号后连忙附和道：“对呀，对呀，再多待几天吧！”

于老师耐不住同学们的央求，在征求了家长的同意之后并没有立刻答应大家，而是卖了个关子。

“这样吧，现在你们如果能说出三条户外安全小知识，我就答应你们。”于老师笑眯眯地看着大家。

最活跃的杜可一马当先：“我知道，消防电话是119，急救中心电话是120，水上求救电话是12395，遇到危险要第一时间寻求专业人员帮助。”说罢得意地扬了扬头。

接着一个小男孩认真地说：“我和我爸一起参加过他们公司举办的野营活动，到野外一定要准备充足的食物和水，还要准备好手电筒和电池，以防意外发生。”

于老师听到这两人的回答后满意地点了点头，说道：“前两位同学说得都非常对，那谁想说第三条呢？”

许依想了想，说道：“在野外遇到暴雨的时候，最好到地势高一点的地方避险，而且很重要的一点是不要到桥梁上避险。”

“而且下大雨时也要避免去河堤这种危险区域，不到万不得已，一定不要单独行动，跟随集体，保持手机畅通。”于老师补充道。

12395
119
120

说罢，于老师看着大家希冀的目光，微微一笑，高声道：“既然大家完成了我提出的要求，那我也要履行我的承诺，我们在这里住上五天。”同学们听到后激动得又蹦又跳，好不快活。

晚上休息时，大家都凑在一起讨论起了明天的活动。

翌日清晨，大家早早出发，于老师带着同学们去爬山。清晨时天气晴朗，大家都享受到了难得的好天气。

美好结束在中途休息时。于老师看到了手机推送的内容，上面显示出气象台发布的预警。于老师立刻严肃起来，对同学们说：“咱们不能继续向上爬了，天气预报说今晚有暴雨。为了大家的安全，咱们得赶紧下山。”

同学们看着于老师严肃的脸，都不敢反驳。但是有个同学涨红了脸，半天才缓缓说道：“可是老师，我们都爬了一上午了，真的很累了，总得休息一下吧。再说了，天气预报不是说晚上才下暴雨嘛，现在天气这么好，也不像会下雨的样子啊。”

“对啊对啊，真的好累啊，总得让我们休息一会儿吧。”同学们纷纷附和。

于老师看着大汗淋漓的大家，又看了看现在依旧晴朗的天空，抿了抿嘴。她有点被说动了，因为自己也有一点体力不支，思忖片刻，她决定让大家原地休息一会儿，吃点东西补充能量，然后再一鼓作气下山。

“太好啦！于老师最好了！”同学们欢呼起来。

于老师一直观察着天气情况，原地休息的这一会儿工夫，天色就暗了下来，乌云开始慢慢聚合。

于老师见状立刻说道：“大家快拿上自己的东西，咱们趁还没下雨，赶快下山。”说完便赶紧收拾起了地上的东西。

下山的途中，雨水淅淅沥沥地下了起来，还好大家提前穿上了雨衣，免于被淋湿。但雨水很快打湿了地面，混着泥土，让路变得十分湿滑，大家只好互相搀扶着踉踉跄跄地朝山下走。

安全小贴士

暴雨引发的次生灾害

长时间的暴雨容易产生积水或径流，淹没低洼地段，造成洪涝灾害，还会引发山体滑坡、泥石流等地质灾害。

洪涝灾害

洪涝灾害指因大雨、暴雨或持续降雨使低洼地区淹没、浸水的现象。它分为洪水和雨涝，由于洪水和雨涝往往同时或连续发生在同一地区，大多难以准确界定区别，于是统称为洪涝灾害。

发生洪涝灾害怎么办？

1. 不要惊慌，应冷静观察水势和地势，然后迅速向附近的高地、楼房转移。如洪水来势很猛，就近无高地、楼房可避，可抓住浮力强的物品，如木盆、木椅、木板等，必要时爬上高树也可暂避。

2. 切记不要爬到土坯房的屋顶，这些房屋浸水后容易倒塌。

3. 为防止洪水涌入室内，最好用装满沙子、泥土和碎石的袋子堵住大门下面的所有空隙，如预料洪水还要上涨，窗台外也要堆上沙袋。

4. 若洪水持续上涨，应注意在自己暂时栖身的地方储备一些食物、饮用水、保暖衣物和烧水用具。

5. 若洪涝灾害严重，所处之地已不安全，应考虑自制木筏逃生。床板、门板、箱子等都可用来制作木筏，划桨也必不可少，也可考虑用废弃轮胎的内胎制成简易救生圈。逃生前要多收集些食物、发信号用具（如哨子、手电筒、颜色鲜艳的旗帜或床单等）。

6. 若已被洪水包围，要设法尽快与当地有关部门取得联系，报告自己的方位和险情，积极寻求救援。千万不要游泳逃生，不可攀爬带电的电线杆、铁塔。

山体滑坡

80% 以上的滑坡都是由强降雨引发的，尤其在暴雨或雨后一段时间，土体被泡软泡透时最容易发生。

遇到山体滑坡怎么办？

1. 冷静，不能慌乱。一般除高速滑坡外，只要行动迅速，都有可能逃离危险区域。逃离时，要向垂直滑坡的方向逃生。

2. 当遇到无法逃离的高速滑坡时，更不能慌乱，在一定条件下，如滑坡呈整体滑动时，原地不动，或抱住大树等物，不失为一种有效的自救方式。

泥石流

泥石流发生的时间与集中降雨时间一致，具有明显的季节性。一般发生在多雨的夏秋季节。

泥石流来了怎么办？

1. 到开阔地带

一定要设法从房屋里跑出来，到开阔地带，尽可能防止被埋压。

2. 爬到高处

发现泥石流后，要马上与泥石流呈垂直方向一边的山坡上面爬，爬得越高越好，跑得越快越好，绝对不能顺着泥石流的流动方向跑。

思考一下，你认为还需要注意什么呢？快来写一写吧

五、野外自救

湿滑的泥土让大家下山变得十分困难，好几个同学都因为走得急而摔倒在地。这时，一直绷紧神经的许依听到了一些打雷般的异响，那轰隆隆的声音似乎是从远处的山谷传来的。

许依心里一紧，思忖片刻，冲于老师喊道："老师，我刚刚听到一些奇怪的声音，书里讲那好像是山洪的前兆。不怕一万，就怕万一，快组织同学们避险吧！"

于老师看着许依，有些犹豫，她并没有听到许依描述的那种声音。该不该听这个五年级小孩的判断呢？如果许依听错了，而她贸然带同学们避险，可能会引起骚动，还可能错过最佳下山时间。

但她转念一想，这种关乎大家性命的事情，宁可信其有不可信其无，万一真是山洪，后果不堪设想。

"同学们，现在雨下大了，路很滑，下山太危险。大家先转移到地质坚硬，不易被雨水冲毁的地方。"说完，于老师便引导着众人往安全区域转移。

大家艰难但有序地抵达了相对安全的区域，刚想松一口气，只听一阵巨响传来，他们下山的那条路竟然真的发生了山洪，大量泥沙和石块被雨水裹挟而下。

所有人都愣在了那里，一种死里逃生的感觉掠过心头。

“多亏了你，小依，不然我们现在就可能被埋在那里了！”站在一旁的杜可惊魂未定，忍不住感叹。

“还好小依及时发现了异样，提醒了我，不然我都不知道会发生什么可怕的事。我这个带队老师也不合格，这次真是太感谢小依了。”于老师也感到一阵后怕。

许依突然得到这么多人热情的夸奖也有些紧张，听了于老师的话后，走上前安慰似的抱了抱于老师，于老师也紧紧回抱住了许依，大家见状纷纷加入了这个温暖的拥抱。

雨还在下，大家紧紧地抱在一起，不只是为了刚刚一起历经险境，更是为了从他人身上汲取一丝温暖。

因为他们所在的地方也不是完全安全，于老师立刻联系了救援人员并说明了情况。救援人员让他们先待在原地，不要随意移动，以防再次发生泥石流。

救援人员立刻派遣队伍前来营救。所幸，除了几位同学在转移的过程中不小心跌倒而有轻微的擦伤外，剩下的同学都安然无恙。

在赶回城市的途中，杜可终于放松了下来，看了看坐在一旁发呆的许依问道："小依，你是怎么判断会有山洪发生的呀？"这话也引起了其他同学的好奇，大家七嘴八舌地讨论着。

许依听后抿嘴笑了笑，回答说："我曾经看过一本关于泥石流和山体滑坡的书，里面说到如果在山上遭遇大雨，听到远处山谷中传来像打雷一样的声响，那很有可能是山洪的前兆，我当时就是听到了这种声音，所以怀疑可能是山洪。"

大家听闻后，都很受教育，这时许依又补充道："下暴雨的时候，要避开陡峭的悬崖，有滚石的山坡或山谷，以及植被稀少的山坡。"

这时，坐在角落里的女孩蕊蕊说道："我还知道如果暴雨时出现了滑坡，而滑坡已经很靠近了，就要注意保护好自己的头，向垂直于滑坡的方向逃离。"说完后露出了羞涩的微笑。

“还有还有，遇到高速滑坡的时候，可以迅速抱住身边的树木等固定物体；遇到落石，可以躲避在结实的障碍物下。”杜可也迫不及待地说出自己知道的知识。

外面的雨声依旧震耳，而车内的同学们讨论得热火朝天。

可能多年后他们仍会对这一天记忆犹新。这是惊心动魄的一天，万幸大家都顺利脱险，还学到了很多知识。其实他们记住的不只是知识本身而已，更是危急时刻的救命法宝。

安全小贴士

临灾征兆通常有哪些？

滑坡

出现持续性的小崩小落或垮塌，说明可能发生大滑坡；

建筑物或者地面开裂、下错等变形迹象，也是非常典型的滑坡征兆；

地面上的树或其他固定物发生倾倒，也能表明这个地方在移动；

还有一些和水有关的现象，比如水田里的水突然变干、井水变浑浊、水量突然变大或变小。

泥石流

看：

河（沟）床中正常流水突然断流或洪水突然增大，并携带柴草、树木，可确认河（沟）床上游已形成泥石流。

听：

深谷或沟内传来类似火车轰鸣声或闷雷声，哪怕极弱也可认定泥石流正在形成。另外，沟谷深处变得昏暗并伴有轰鸣声或清脆的震动声，也说明沟谷上游已发生泥石流。

崩塌

崩塌前一般会有小崩小落发生，崩塌时由于粉尘扬起，可能表现为“冒黑烟”或者“冒白烟”。

消防：119
公安：110
交通事故：122
水上求救：12395
急救中心：120
红十字会：999

思考一下，你认为还需要注意什么呢？快来写一写吧

茶
消毒水

六、雨过天晴

“雨停啦！大雨终于停啦！”稚嫩的呼喊声穿透了阴霾，传入每一个人耳中。大家看着渐渐散去的乌云，感受着久违的阳光带来的温暖，都忍不住扬起了嘴角。

在城市的供水供电都逐渐恢复正常后，社区工作人员立刻投入工作。他们将被淹过的地方都喷洒了消毒水，以防病菌和蚊虫的滋生。

同学们在经历了这场暴雨之后都很有感触，大家开启了线上讨论。

“你都不知道当时的情况有多惊险，简直把我吓坏了，还好有小依在，不然都不知道会发生什么呢！”杜可在电脑这头滔滔不绝地讲述着他们遭遇山洪的事情。

大家在各自的电脑前听得津津有味，听到他们往安全区域转移时也跟着紧张起来，心都提到了嗓子眼。

“不过还好，我们中只是有些人受了皮外伤，现在已经没有大碍了。”大家听到这番话，也就放下心来。

“听说有个大哥哥勇救被困在井里的小女孩，都上新闻了！”冯周佩服地赞叹道。

“没错，我爸爸亲历现场，真是太惊险了。”高睿也唏嘘不已。

这时一直安静的关关也加入了话题，“等过段时间咱们的生活完全恢复正常了，去给社区里的独居老人宣讲一些极端天气的避险知识吧。”

“好啊好啊，这个可以，咱们还可以利用这个机会举办一次关于气象灾害知识的主题班会。”杜可忍不住补充道。

许依也有了兴趣：“朋友们，我有个主意。我看到报道说很多独居老人的家里被水淹了，咱们可以联系社区，然后帮他们收拾家里。”

“这个想法很好！还很有意义。”高睿很赞同这个提议，大家也都表示同意。就这样，在家长们和社区工作人员的帮助下，一个临时组建的小分队成立了。

同学们首先对老人们家里的被淹物品进行了清运，并帮助老人们对房屋进行了消毒。

但是有一户人家一直没有人开门，物业说这家住的是一位腿脚不太好的黄姓老人，平时不怎么出门，就在家里听听戏、浇浇花。

听说这家一直无人开门，物业也有些担心，在门口叫了很多声都无人应答，打电话也没有人接。物业只好请开锁人员打开了房门。

门一开，只见黄爷爷痛苦地躺在地上，大家连忙上前把他扶起来。黄爷爷满头大汗，疼得说不出话。大家迅速把他送入医院。经检查，黄爷爷因为吃了被水淹过的腐烂水果，导致急性肠胃炎。

知道了前因后果，医生解释道："被水浸泡过的食物，除了密封完好的罐头类食品以外不得食用，罐头类食品也应当用干净的水清洗后才能食用；不吃已死亡的禽畜、水产品。当然，被水泡过已经腐烂的水果和蔬菜也不能吃。"

"我这次记住了，下次不会乱吃东西了。"黄爷爷还有些虚弱。

物业工作人员说："这次多亏了这几位小朋友，要不是他们主动帮独居老人清扫房间，发现了您的情况，否则后果不堪设想。"

"谢谢你们啊，小同学，多亏了你们让我保住了命。等我出院了，你们有空的话可以来我家玩啊，我一定好好招待你们。"黄爷爷恳切地说。

"没事的黄爷爷，等您病好了，可以来参加我们的气象灾害知识的主题班会。多了解一点相关知识，以后就能避免这种情况了。"高睿回答道。

"好啊，到时候我一定去！"黄爷爷爽朗地笑了。

病房里其乐融融，城市里的一切都在转好。大家都相信，这座城市很快就会回到正常的轨道，雨后总会天晴。

安全小贴士

暴雨过后注意事项

1. 不要乱接断落电线

暴雨过后，路上有时会看到被刮落的电线，无论带电与否，都应视为带电，与电线断落点保持足够的安全距离并及时向电力部门报告。在没有十足的把握前，不要随意检测煤气电路等，以防不测。

2. 及时清运垃圾

暴雨后，街道两旁到处都是落叶、淤泥、生活垃圾，很容易滋生疫病，此时，大家应第一时间对垃圾进行清理。另外，家里如果有食物被水淹过，也要及时处理。

3. 不要忘记灾后防疫

暴雨过后，家里的饮用水如受到污染，要进行消毒，同时还要做好周围环境的打扫工作，被淹或者被雨水浸渍的地方清洗时最好喷洒些消毒药水。

4. 预防虫媒传染病

暴雨过后，受灾地区老鼠、蚊蝇容易大量孳生，也容易给人类带来虫媒传染病，比如登革热等。因此，暴雨过后一定要做好周围环境的清洁工作，将花坛、废旧轮胎里的积水除去，避免虫子孳生，搞好家庭卫生，消灭苍蝇、蟑螂。

在黄昏和黎明前虫子出没高峰期，不要外出。夜间外出穿长袖和长裤，别穿凉鞋。如果可能接触蜱虫或螨虫，应将长裤塞进袜子里，有条件时应穿长筒靴，选择适合的驱避剂涂抹在暴露的皮肤上。驱避剂也可喷洒在衣服、鞋、帐篷、蚊帐和其他物品上。住地门窗要安装纱窗，如无纱窗，则夜间应关上门窗。夜间应在寝室内使用灭蚊喷雾器或放有杀虫片的灭蚊器，或点燃盘式蚊香。

5. 不要急着回家或盲目开车进山

暴雨过后，有些地方会存在山体滑坡、泥石流、河岸崩塌等地质灾害隐患。所以被撤离的人员不要急着回家查看受灾情况，最好等居住地宣布安全后，再按照安排返回家园。更不要盲目开车进山，因为经过暴雨的冲刷，山区山石塌方、路基被毁等灾害的发生概率增加，此时进山危险很大。

6. 不吃被水浸泡过的食物

暴雨水灾过后，急性肠胃炎患者增多，可能是由于食用不洁食物引起的。疾控专家提醒，被水浸泡过的食物，除了密封完好的罐头类食品外不得食用，罐头类食品也需要用干净的水清洗后才能食用；不吃已死亡的畜禽、水产品，被水淹过的已腐烂的蔬菜、水果，怀疑被水浸过的散装食品以及发霉的大米、玉米、花生，均不能食用。饮用水最好煮沸 5 ～ 10 分钟后再喝。

思考一下，你认为还需要注意什么呢？快来写一写吧